维生素、矿物质与健康系列丛书

天然维生素C

主 编　蔡美琴

浙江科学技术出版社

图书在版编目(CIP)数据

天然维生素C/蔡美琴主编. —杭州：浙江科学技术出版社，2019.12

(维生素、矿物质与健康系列丛书)

ISBN 978-7-5341-8858-9

Ⅰ.①天… Ⅱ.①蔡… Ⅲ.①维生素C—普及读物 Ⅳ.①Q564-49

中国版本图书馆CIP数据核字(2019)第253473号

丛 书 名	维生素、矿物质与健康系列丛书
书 名	天然维生素C
主 编	蔡美琴
出版发行	浙江科学技术出版社 杭州市体育场路347号　邮政编码：310006 编辑部电话：0571-85152719 销售部电话：0571-85062597 网址：www.zkpress.com E-mail：zkpress@zkpress.com
排 版	杭州万方图书有限公司
印 刷	浙江新华数码印务有限公司
开 本	787×1092　1/32
印 张	3
字 数	46 000
版 次	2019年12月第1版
印 次	2019年12月第1次印刷
书 号	ISBN 978-7-5341-8858-9
定 价	16.00元

版权所有　翻印必究

(图书出现倒装、缺页等印装质量问题，本社销售部负责调换)

策划编辑	詹 喜	责任编辑	胡 水　詹 喜
责任校对	张 宁	责任美编	金 晖
责任印务	叶文炀		

作者简介

蔡美琴：教授、注册营养师

上海交通大学营养与功能食品创新中心主任、首席科学家，上海交通大学医学院营养系副主任，上海市营养学会副理事长兼秘书长，上海市营养学会妇幼营养专业委员会主任委员，上海市学生营养与健康促进会副会长，中国营养学会理事，中国营养学会科普工作委员会副主任委员，中国食品科学技术学会理事，中国健康教育协会理事。担任国家市场监督管理总局保健食品、特殊医学用途配方食品评审专家，国家卫生健康委员会食品添加剂评审专家、新食品评审专家。

从事营养学研究30余年，主要研究领域为营养与生长发育、慢性病防治、功能食品临床干预研究等。曾主持多项国际合作研究项目、国家自然科学基金项目及上海市科委、教委等资助课题。

已在国内外杂志发表论文100余篇，主编《医学营养学》《食品安全与卫生监督管理》《公共营养学》《特殊人群营养学》等教材以及《维生素矿物质服用方法大全》《养出美丽来》等科普图书。曾被评为上海市教委系统"女能手"。

前 言

坏血病在大航海时代被称为"海上凶神"，曾经夺去很多海员的生命。英国海军医生林德于1747年首次发现食用柑橘和柠檬能治疗坏血病。匈牙利科学家圣乔其·艾伯特于1928年在伦敦霍普金斯实验室成功地从牛的肾上腺中提取到极少量能治疗坏血病的物质，后将其定名为抗坏血酸。由于发现维生素C以及相关研究成果，圣乔其获得了1937年诺贝尔生理学或医学奖。而英国化学家霍沃思则因确定了维生素C的化学结构等研究贡献获得了1937年的诺贝尔化学奖。

从防治坏血病到发现维生素C，再到人工合成维生素C，人们对维生素C的认识和研究不断深入，比如研究显示维生素C具有抗氧化、提高机体免疫力、预防感冒、促进胶原蛋白合成、预防慢性非传染性疾病和解毒等功能。可以说，维生素C是维持人体健康不可或缺的生命元素。

人体自身不能合成维生素C，必须从外界摄取。本书以图文并茂的形式介绍了什么是维生素C，维生素C的发现和作用，人体缺乏维生素C的表现，以及天然维生素C的优秀来源（如针叶樱桃、刺梨、沙棘等），用通俗的语言告诉人们在什么情况下应该补充维生素C、补多少、怎么补。本书适合大众阅读，也可供从事营养、医学、食品专业的工作人员参考使用。

在本书编撰过程中，得到了有关方面的大力支持，在此表示诚挚的感谢！由于时间仓促和资料有限，书中难免存在不足和疏漏之处，敬请广大读者批评指正，以便修订完善。

编　者

2019年4月

目录

第一章　认识维生素C　|1
一、谁发现了维生素C　|1
二、维生素C是什么　|4
三、人体不能合成，每天都要补充　|6
四、维生素C健康小知识　|7

第二章　不同来源的维生素C　|9
一、天然维生素C与合成维生素C　|9
二、天然维生素C与植物营养素　|10
三、大自然的配方，人工无法复制　|16

第三章　维生素C有哪些作用　|18
一、免疫力的守护神　|18
二、奉献自己抗氧化　|25
三、对抗黑色素，美白防晒　|30
四、促进铁的吸收　|31
五、促进胶原蛋白合成的神奇之手　|32
六、帮助肝脏解毒　|34

七、维生素C与药物的配伍　　　|36

第四章　维生素C缺乏的表现　　　|38
一、免疫力低下　　　|38
二、胶原蛋白流失　　　|40
三、骨质疏松，关节疼痛　　　|42
四、坏血病　　　|43

第五章　科学补充维生素C　　　|44
一、我们每天需要多少维生素C　　　|44
二、维生素C的食物来源　　　|45
三、你的身体里有一个维生素C池子　　　|46
四、通过蔬果补维生素C，你吃够了吗　　　|47
五、补充维生素C有讲究　　　|51
六、维生素C参考摄入量　　　|52

第六章　天然维生素C从哪里来　　　|53
一、针叶樱桃　　　|53
二、刺梨　　　|60
三、沙棘　　　|61
四、柑橘　　　|62
五、柠檬　　　|63

第七章　维生素C之王——针叶樱桃　　|65
　一、彼得罗利纳的健康奥秘　　|65
　二、从默默无闻到"维C之王"　　|66
　三、黄金产地　　|69
　四、漂洋过海的针叶樱桃　　|70

附　录　　|74

参考文献　　|78

第一章　认识维生素C

首先从维生素C的发现说起，缺少维生素C是会死人的，这是历史上真实的事件。

一、谁发现了维生素C

几百年前的欧洲，长期航海的海员皮肤普遍出现暗红色的瘀斑，牙龈、关节、肠胃出血，严重的会导致

死亡。导致海员生病、死亡的正是被称为"海上凶神"的坏血病，也叫"水手病"。

1497—1498年，葡萄牙航海家达·伽马率船队从里斯本出发，发现了绕过非洲到达印度的航线。在这次航行中，随行的160名船员中有100多人死于坏血病。

1519年，葡萄牙航海家麦哲伦率领的远洋船队从南美洲东岸向太平洋进发。待船队到达目的地时，原来的200多名船员中活下来的只有35人，但是人们却找不出原因。

1577年，一艘西班牙大帆船漂流在马尾藻海海面上，被发现时所有的船员都已死于坏血病。

1740年，英国海军舰队派出6艘战舰、2000多名船员进行环球航行，最终只有1艘战舰、几百名生病的海员回到英国。

1747年，英国海军医生林德通过著名的对照实验发现，每天吃些柠檬、橘子能够预防坏血病。

1912年，波兰裔美国科学家卡西米尔·冯克创立了维生素（Vitamin）理论。

1920年，英国生物化学家杰克·德鲁蒙提出，把抗坏血病物质叫作维生素C。

1928年,匈牙利生物化学家圣乔其·艾伯特在伦敦的霍普金斯实验室从牛的肾上腺中提取出极少量的抗氧化物质,命名为己糖醛酸。随后他又从匈牙利辣椒中提取了较多的己糖醛酸,送给英国化学家沃尔特·霍沃思做分析鉴定。

1932年,圣乔其发现了这种物质对治疗和预防坏血病有功效,将它命名为抗坏血酸,也就是维生素C的另一个名字。因为在维生素C研究方面的杰出贡献,1937年圣乔其获得了诺贝尔生理学或医学奖。

1933年,英国化学家霍沃思等人确定了维生素C的化学结构,并人工制造了维生素C。因对碳水化合物和维生素C的研究贡献,1937年霍沃思获得了诺贝尔化学奖。

1933年,瑞士化学家塔德乌斯·赖希施泰因发明了维生素C的工业生产法:先将葡萄糖还原成山梨醇,经细菌发酵成山梨糖,加丙酮制成二丙酮山梨糖,再用氯及氢氧化钠制成二丙酮古龙酸,最后溶解在混合有机溶液中,经过酸催化制成维生素C。

1976年,两次获得诺贝尔奖的美国科学家鲍林撰写并出版了《维生素C与普通感冒和流感》一书。

近百年来,无数科学家关注并研究了维生素C,为我们揭示了维生素C的神奇力量。

二、维生素C是什么

维生素C(Vitamin C, ascorbic acid)又叫抗坏血酸,它的化学结构是含有6个碳原子的多羟基化合物,分子式是$C_6H_8O_6$,相对分子质量为176.12。维生素C分子中的C2与C3位上2个相邻的烯醇式羟基很容易被氧化,且容易解离释出H^+,因此维生素C不仅具有很强的还原性,还具有酸的性质。

天然存在的维生素C有L-型和D-型,仅前者有生物

维生素C的分子结构

活性。维生素C容易被氧化成脱氢维生素C，这个反应是可逆的，脱氢维生素C还保留了生理活性。脱氢维生素C能被进一步水解，生成二酮古洛糖酸，并丧失生理活性，而这个反应是不可逆的。

维生素C纯品为白色结晶，有明显酸味。易溶于水，微溶于乙醇，不溶于非极性溶剂。在酸性环境中稳定，在氧、热、光和碱性环境下不稳定。

食物中的维生素C被人体小肠上段吸收。一旦吸收，就分布到体内所有的水溶性结构中。人体组织中，维生素C浓度最高的是在脑下垂体，其次是在肾上腺、肾脏、脾脏和肝脏，血浆和唾液中含量较低。不同细胞内的维生素C浓度差别很大，白细胞内的维生素C浓度比血浆中高很多。组织中的维生素C达到饱和后，多余的将从组织中排出。[1]

维生素C及其代谢产物主要随尿排出，其次是从汗液和粪便排出。正常情况下，维生素C绝大部分在体内经代谢分解成草酸或与硫酸结合生成抗坏血酸-2-硫酸由尿排出；少部分可直接由尿排出体外[1]。

三、人体不能合成,每天都要补充

维生素C是一种水溶性维生素,在维生素中它是人体需求量最大的一种,是重要的抗氧化营养素,对清除有害的自由基有重要作用。

大部分动物能自己在体内合成维生素C,但是人、猴子却不能,必须从食物中获得。[2]

远古人类也带有合成维生素C的基因,但人类在进化过程中,失去了自身合成维生素C的能力。

维生素C易溶于水,能很快被人体吸收,同时在人体内代谢很快,容易从体内流失,从尿液、汗液中排出。因此,人体容易缺乏维生素C,每天都需要通过食物补充。新鲜水果蔬菜是维生素C的主要天然来源。

四、维生素C健康小知识

下面介绍一些关于维生素C的健康小知识:[2,3]

(1)刷牙时牙龈经常出血,皮下出现小瘀斑,可能是坏血病的早期表现,需要补充维生素C。

(2)以下几类人群的免疫力容易受到抑制,补充维生素C可以帮助提高免疫力:①学习、工作任务紧张,心理压力较大的人群;②长时间工作、开车、乘坐交通工具,劳累或睡眠不足的人群;③免疫系统发育不成熟的幼儿和儿童;④免疫功能下降的老人和慢性病患者。

(3)体内缺铁或有缺铁性贫血的人,补充维生素C会使人体从非肉类食物中吸收铁的能力提高数倍。

(4)吸烟会引起维生素C的消耗增加,抽烟的人比一般人对维生素的需求增加40%以上。经常抽烟的人,更需要补充维生素C。

(5)感冒药配合维生素C一起吃,可以减轻感冒症状,提高治疗效果。

(6)服用避孕药或阿司匹林都会造成维生素C流失,需要额外补充维生素C。适当摄入维生素C还能增强口服避孕药的效果。

第二章 不同来源的维生素C

一、天然维生素C与合成维生素C

维生素C可以从蔬菜水果等食物中获取,也可以人工合成,它们之间有什么区别?

天然来源维生素C通常是用维生素C含量丰富的水果制成的,简称为天然维生素C。水果中除了含有维生素C,还含有丰富的植物营养素,用水果制成的天然维生素C产品还含有这些植物营养素。

针叶樱桃　　　　刺梨　　　　柑橘

天然维生素C的常用水果来源

人工合成维生素C是以D-葡萄糖或山梨醇为原料经发酵后化学合成得到的[4]。合成维生素C的组成单一，维生素C含量在99%以上，其余成分是合成的副产物。从两者的高效液相色谱检测图可以看出成分种类的区别。

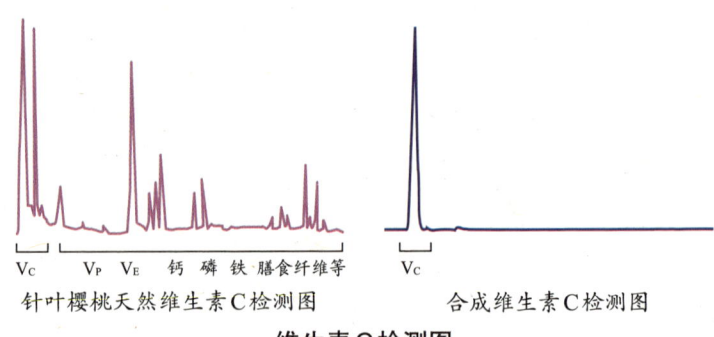

针叶樱桃天然维生素C检测图　　　合成维生素C检测图

维生素C检测图

二、天然维生素C与植物营养素

天然维生素C浓缩物除了含维生素C外，还含有其他丰富的植物营养素，是一个大家族。植物营养素包括生物类黄酮，如花青素；类胡萝卜素类，如β-胡萝卜素、叶黄素、玉米黄质等；维生素和矿物质，如维生素A、维生素E、钙、铁等及其他营养物质如膳食纤维等。它们在人体内各自发挥作用，又相互合作。

天然维生素C

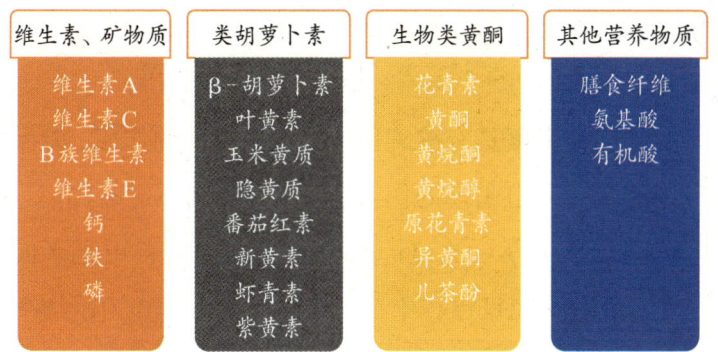

天然维生素C浓缩物中的植物营养素

1.全能的维生素C

维生素C是人体必需且需求量最大的维生素,在人体的各个部位发挥作用,比如帮助免疫细胞对抗病毒和细菌;清除有害自由基,保护人体细胞;促进胶原蛋白的合成,保护皮肤、骨骼和肌肉;消除黑色素,帮助皮肤对抗阳光照射;促进铁的吸收和叶酸的利用。维生素C堪称营养素中的全能型选手。

2.植物营养素让维生素C更强大

(1)类胡萝卜素。类胡萝卜素是一类呈黄色、橙红色或红色的多烯类物质。类胡萝卜素的种类繁多,自然界中的类胡萝卜素有600多种。常见的类胡萝卜素有β-胡萝卜素、番茄红素、叶黄素、玉米黄质、虾青素、紫黄素、新黄素等。类胡萝卜素是脂溶性的，一般不溶于水。

类胡萝卜素具有抗氧化、清除自由基的作用，能保护细胞免受氧自由基的伤害，以及抑制脂质过氧化。

类胡萝卜素可通过清除单线态氧等氧自由基来促进免疫功能。免疫过程中，白细胞以自由基作为杀伤细菌的武器，但自由基可能过量产生，造成正常细胞损伤。当白细胞、类胡萝卜素和细菌一起培养时，细菌能被有效杀死，而白细胞不被损伤，因此类胡萝卜素可以起到保护白细胞的作用。类胡萝卜素能够防止氧化应激诱发的胸腺萎缩，还能促进淋巴细胞增殖，保护巨噬细胞膜免受氧化损伤。[5]

类胡萝卜素具有维生素A原的作用，如β-胡萝卜素是维生素A的前体，在人体内可以转化为维生素A。人体自身不能合成维生素A，必须从外界摄取，β-胡萝卜素是维生素A的良好来源。叶黄素和玉米黄质在保护视力、预防心血管疾病和增强免疫力方面具有独特的生理功能。人眼视网膜黄斑色素是由叶黄素和玉米黄质组成的，这两种色素具有吸收蓝光的功能，可保护视网膜。番茄红素具有预防心血管疾病、抗前列腺增生、抗紫外线、延缓衰老等作用。虾青素具有抗氧化、缓解疲劳、保护视力、改善皮肤等作用。[6]

（2）生物类黄酮。生物类黄酮是一类低分子量的天然植物成分，种类很多。自然界中已知的生物类黄酮有5000多种。类黄酮家族包括了花青素、原花青素、黄酮、异黄酮、黄烷酮、黄烷醇、儿茶酚等。

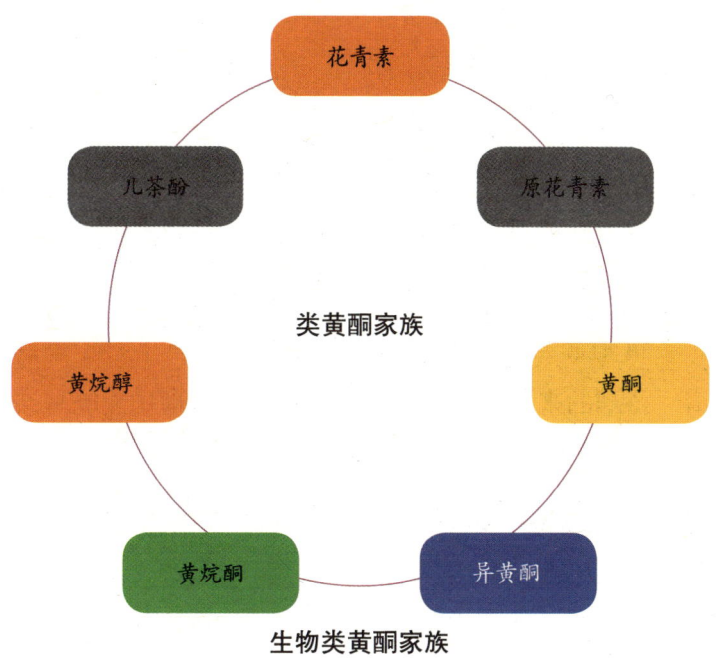

生物类黄酮家族

膳食中的生物类黄酮来源广泛，常见的生物类黄酮有柑橘的橙皮苷、绿茶的儿茶素、葡萄的原花青素、大豆的异黄酮等。生物类黄酮具有多种生理功能，除了具有清除自由基、抗氧化、抗衰老、抗糖尿病、降血脂的作用外，还有保护神经系统、改善记忆力、降血压、抗炎、抗过敏、抗心律失常、抑菌、抗病毒等多种药理及保健作用[7]。

花青素，又称花色素，水果、蔬菜、花卉能呈现不同的颜色大多是花青素的作用。花青素与葡萄糖、鼠李糖等通过糖苷键结合，成为花色苷。自然状态下植物内的花青素大多以花色苷的形式存在。研究表明，花青素不仅具有清除自由基、抗氧化的功能，还具有缓解视疲劳、保护肝脏、保护心血管的作用[8]。

黄酮常见的有木犀草素、槲皮素、芦丁、芹菜素等。黄酮的来源广泛，化合物种类多，生理功能既有共性又各具特点。如槲皮素具有抗氧化作用，同时又有抗炎活性和抗菌作用，能够抑制炎症因子引起的中性粒细胞凋亡，槲皮素作为药物能祛痰、止咳、平喘，还能降低血压、辅助治疗心血管疾病[9]。又如芦丁，又名芸

天然维生素C

香苷,具有抗氧化、抗炎、镇痛的作用,能保护胃肠黏膜,对器官缺血损伤有保护作用,并且对紫外线有吸收作用,是天然防晒剂[10]。

在植物中,生物类黄酮和维生素C是好搭档。植物中的维生素C容易被氧化,特别是有氧化酶和铜离子存在的时候。生物类黄酮可以与铜离子络合,防止铜离子促进维生素C氧化,还可以还原自由基,起到保护维生素C的作用。[1]

小知识

生物类黄酮能够起到稳定和加强维生素C的作用,促进维生素C在体内的积蓄,协助维生素C发挥生理功能。而人工合成的维生素C没有生物类黄酮。

(3)酚酸。酚酸是一类含有酚环的有机酸,属于酚类化合物。常见的酚酸有咖啡酸、阿魏酸、绿原酸、鞣花酸、没食子酸等。

咖啡酸的化学名是3,4-二羟基肉桂酸,化学式为

$C_9H_8O_4$，在西红柿、草莓、谷类等多种植物中广泛存在。咖啡酸作为酚类化合物，在反应中可以提供氢原子，并具有芳环羟化的作用，有较强的还原性。除此之外，咖啡酸还可以螯合金属离子，抑制自由基形成及自由基反应的扩散。咖啡酸具有抗炎、抗菌、抗病毒等多种生理功能。[11]

绿原酸是咖啡酸与奎尼酸生成的缩酚酸，属于咖啡酸的天然衍生物。绿原酸具有和咖啡酸相似的生物活性，能够起到抗炎、抗氧化、调节免疫等作用。

三、大自然的配方，人工无法复制

自然界食物中所含有的营养素配比是现代科学技术无法调制的。天然维生素C的生产采用浓缩的方式帮助我们吃到更多的水果和蔬菜，并且这些浓缩物在人体内的吸收利用及排出与天然蔬果相同。比如，富含天然维生素C的针叶樱桃浓缩物，其营养成分比合成维生素C更丰富、全面。

一项比较天然与合成维生素C的生物利用度试验

中，两组试验对象分别食用500毫克合成维生素C和同等维生素C含量的柑橘提取物，监测24小时内受试者血液和尿液中的维生素C水平。综合吸收和利用情况表现，柑橘提取物的天然维生素C比合成维生素C的生物利用度要高35%[12]。

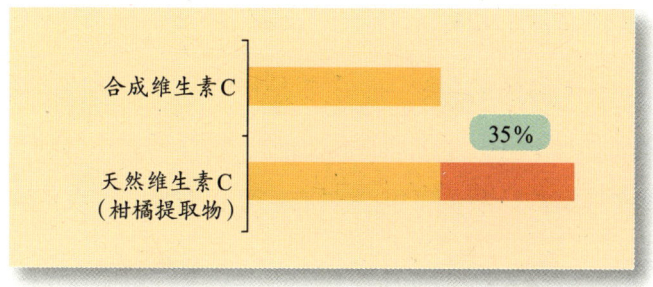

天然来源维生素C与合成维生素C的生物利用度对比

第三章 维生素C有哪些作用

一、免疫力的守护神

1. 免疫力是什么

日常提到的免疫力,主要是指对抗外界细菌、病毒的能力。环境中存在着多种细菌、病毒等病原体,免疫系统的保护让我们的身体具有一定的抗病能力。

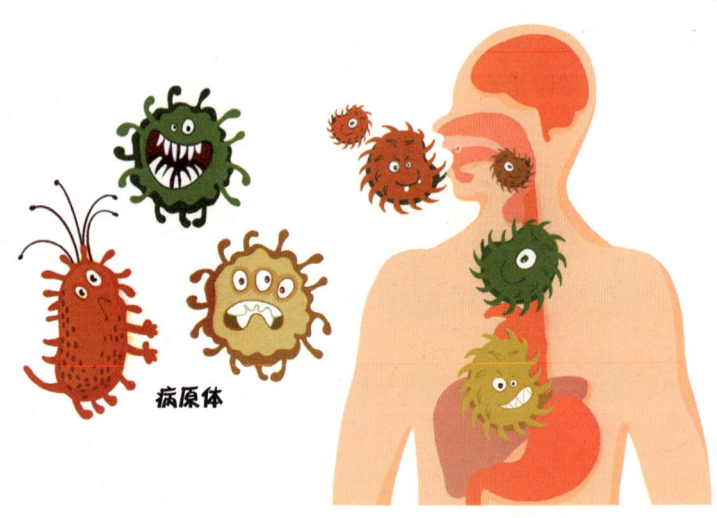

病原体

人体免疫系统有三道防线。第一道防线是皮肤和黏膜。

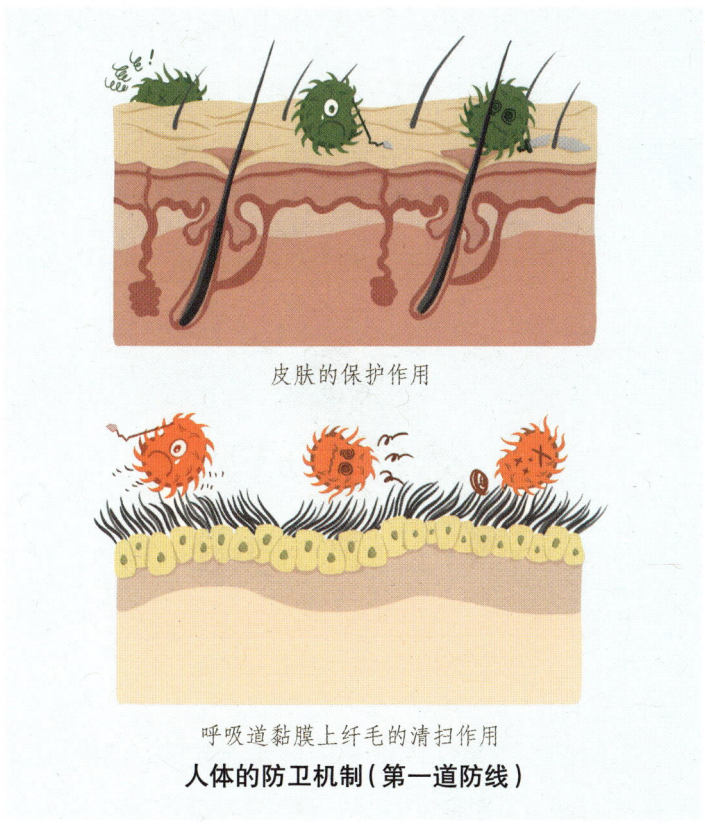

皮肤的保护作用

呼吸道黏膜上纤毛的清扫作用

人体的防卫机制(第一道防线)

第二道防线包括体液中的杀菌物质(比如溶菌酶)和巨噬细胞。细菌等病原体一旦进入身体,部分免疫细胞就会释放溶菌酶等杀菌物质,溶解、消灭细菌;巨噬细胞则会包裹、吞噬、杀灭细菌等病原体。

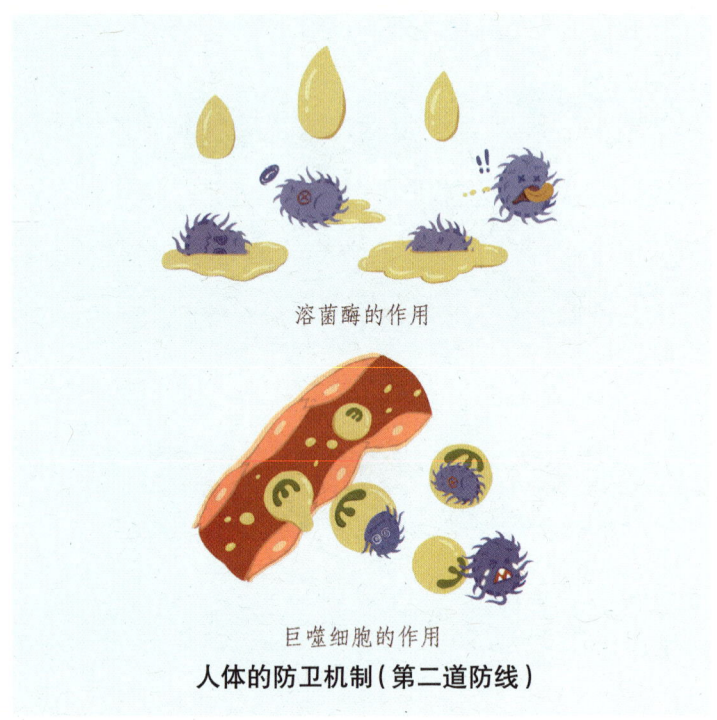

溶菌酶的作用

巨噬细胞的作用

人体的防卫机制(第二道防线)

第三道防线包括体液免疫和细胞免疫。当病原体没有被前两道防线阻挡和消灭掉时,就可能会进入体液和细胞中。在体液中,免疫细胞(B淋巴细胞)会识别出病原体(抗原)的身份,并且针对它制造出武器——

抗体，消灭对应的病原体，这就是体液免疫。部分病原体如病毒进入细胞内，在细胞内大量复制，被感染的细胞称为靶细胞。靶细胞被另一些免疫细胞如自然杀伤细胞（NK细胞）和T淋巴细胞识别并裂解死亡，使得病原体暴露出来，再由对应的抗体去消灭病原体，这就是细胞免疫。

免疫细胞（白细胞）是免疫系统的军队，自然杀伤细胞、巨噬细胞、T淋巴细胞、B淋巴细胞、树突细胞等，是组成军队的士兵，各有不同的分工。

2.维生素C对免疫力的作用

维生素C对免疫系统主要有以下几方面的作用：[13]

（1）保护皮肤和黏膜防线。胶原蛋白是皮肤和黏膜的主要组成成分，维生素C能促进胶原蛋白的合成和稳定，帮助维护皮肤和黏膜屏障的完整，加快伤口的愈合。维生素C有清除自由基的作用，能防止自由基对皮肤细胞的损伤。维生素C能促进角质细胞的分化和脂质的分泌，促进成纤维细胞的增殖和迁移。

（2）促进巨噬细胞的巨噬作用。白细胞与病原体作战时会产生自由基，维生素C能够保护巨噬细胞不被自由基损伤。维生素C能增强吞噬细胞聚集到细菌周围作战的能力。巨噬细胞如中性粒细胞,吞噬一定数量细菌后会凋亡或坏死。细胞凋亡是细胞程序性的正常死亡,不会引起炎症;细胞坏死是细胞非正常死亡,会引起局部严重的炎症。维生素C能够促进细胞正常凋亡,然后被巨噬细胞清除,减少细胞非正常坏死。

(3)增强淋巴细胞的功能。当免疫系统侦察到身体有病毒入侵,白细胞中的淋巴细胞会马上进入备战状态,身体需要产生更多的淋巴细胞来对付病毒,而维生素C能促进淋巴细胞的分化和增殖。

抗体是B淋巴细胞的作战武器,用来杀伤病毒。抗体的产生需要半胱氨酸,维生素C能把食物里的胱氨酸还原成半胱氨酸,促进B淋巴细胞产生抗体。

维生素C还能够增加自然杀伤细胞的活性,提高对靶细胞的识别和杀伤能力。

(4)调节炎症。当身体有病毒或细菌感染时,免疫细胞会产生细胞因子。细胞因子具有调节免疫应答的功能。细胞因子中的促炎性细胞因子和抗炎细胞因子可以引起促炎或抗炎反应。维生素C能够通过基因调控

天然维生素C

作用来调节细胞因子的合成,减少某些促炎性细胞因子的产生,因此具有调节炎症反应的作用。

(5)抗组胺。当组织受到损伤或发生炎症和过敏反应时,都可释放组胺。组胺会导致胃酸增加,使血管扩张及血管通透性增加,发生局部水肿、痒、打喷嚏、流鼻涕,引起呼吸道平滑肌收缩及呼吸困难。人体试验证明,补充维生素C能够降低人体内的组胺水平,减轻上述症状。因此,维生素C具有抗组胺的作用。

> **小知识**
>
> 维生素C在人体内帮助维持皮肤和黏膜的完整,清除自由基,保护免疫细胞,促进免疫细胞的分化和增殖,提高免疫细胞活性,调节炎症因子,因此能够起到增强免疫系统功能的作用。

维生素C对于免疫细胞的正常运作至关重要。维生素C高度集中在免疫细胞中,在细菌、病毒等病原体入侵人体的过程中会迅速耗尽。维生素C缺乏会削弱免疫系统功能,增加被感染的风险。

人体在较剧烈运动后或者经历寒冷环境，免疫功能会受到抑制，致使免疫力降低，容易被病毒感染，出现感冒症状。通过对马拉松运动员、滑雪运动员和士兵等人群的研究发现，服用维生素C可以让他们患感冒的风险降低一半。如果已患感冒，服用维生素C可以使感冒症状的持续时间缩短，成人缩短约8%，儿童缩短约14%，相当于减少患病时间一天。[14]

因此，免疫力低下的人群以及运动后、经历寒冷环境、长时间乘车或飞机等因素导致免疫受抑制的人群，服用维生素C可以帮助免疫细胞对抗外来入侵，降低患感冒的风险。

导致免疫受抑制的因素

二、奉献自己抗氧化

1.抗氧化、清除自由基

我们的身体在代谢过程中会不断产生自由基。

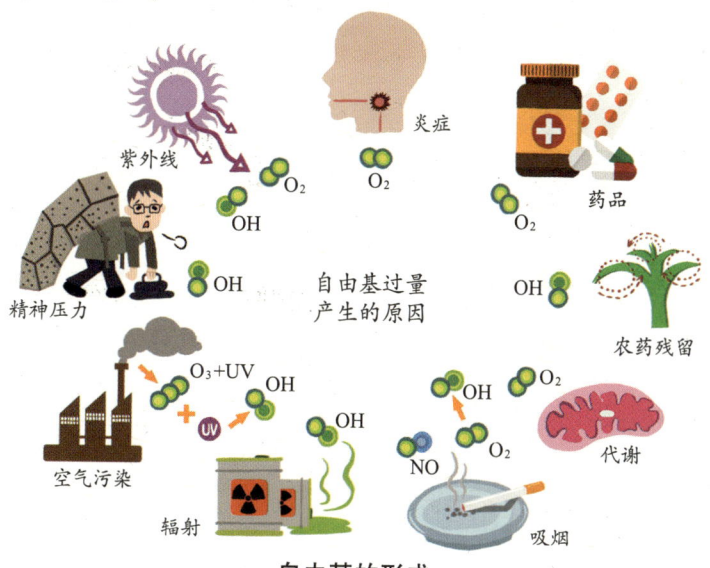

自由基的形成

自由基的特点是非常活泼,含有不成对的电子,会从正常分子或原子那里抢夺电子,造成其他分子或原子结构破坏,而且这种破坏具有连锁效应,会造成正常细胞损伤甚至死亡,这个过程称为氧化。

一般情况下，身体内自由基的产生与消除处于动态平衡。现代生活中，多种状况都会引起自由基过量产生。

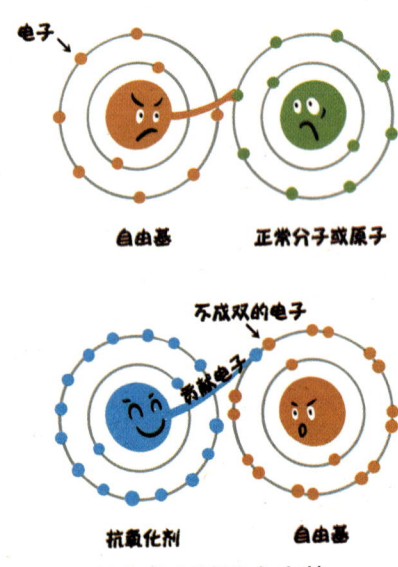

抗氧化剂清除自由基

维生素C能够在自由基抢夺电子之前，把自己的电子贡献给自由基，这样自由基就被清除了，进入稳定状态。像维生素C、维生素E等这样具有清除自由基功能的物质，被称为抗氧化剂。

2. 抗氧化作用

（1）降低患慢性病的风险。当自由基在体内过多累积时，会产生氧化应激状态，这种状态在慢性及退行性疾病的发展中起主要作用，例如自身免疫性疾病、衰老、心血管疾病、神经退行性疾病、癌症等[15]。

维生素C是强效抗氧化剂，能够清除自由基，降低氧化应激状态。维生素C能够通过抗氧化作用降低患心血管疾病的风险,并预防其他慢性病[16]。例如,维生素C能够抵御血液中低密度脂蛋白胆固醇的氧化,防止氧化型低密度脂蛋白胆固醇及泡沫细胞的形成,从而预防动脉粥样硬化的发生。更多研究发现,每天服用400毫克维生素C长达10年的女性,患冠心病的风险显著降低29%;每天补充500毫克维生素C,能显著降低高血压患者的收缩压和舒张压[17]。

维生素C对代谢综合征有改善作用,对葡萄糖负荷后血管内皮细胞功能损伤也有保护作用,还可通过改善氧化应激状态和胰岛素抵抗来调节血糖水平。

其他方面的研究表明,摄入维生素C能够提高血液抗氧化水平,增加机体的自然防御力,对抗炎症[18]。血浆中含有较高水平维生素C,可降低发生卒中的风险或降低卒中死亡的风险。维生素C可降低血清尿酸的水平,其摄入量增加能降低痛风的发生风险[17]。

血浆中维生素C浓度与认知功能之间的关系表明,与认知受损的人群相比,认知完整的人群的血浆中维生素C浓度较高。认知受损的大脑中产生的自由基过多，维生素C会在较高自由基的环境中耗竭[17]。

（2）帮助身体利用叶酸。女性在备孕期和孕期都需要摄入叶酸，以预防胎儿神经管畸形，叶酸还能防治女性巨幼红细胞贫血。叶酸在身体内需要转化为具有生物活性的四氢叶酸才能发挥作用，而维生素C能把叶酸还原成四氢叶酸。

小知识

备孕期和孕期的女性通常需要补充叶酸和铁，配合补充维生素C能促进铁的吸收，增加叶酸的利用率，效果更佳！

（3）保护其他维生素。维生素C能将二硫键还原为巯基，保护维生素A、维生素E及某些B族维生素免受氧化，还可以使被氧化的维生素E重新还原，保持生理活性。反应中生成的氧化型维生素C，在一定条件下经烟酰胺腺嘌呤二核苷酸（NADH）酶系作用会还原为维生素C。

(4)增强运动能力。维生素C缺乏会缩短力竭性运动的时间,限制运动能力,因此补充维生素C能显著延长最大运动时间。维生素C能保护生物膜完整,如红细胞膜、线粒体膜等,使生物膜上的不饱和脂肪酸不会被氧化成过氧化脂质,从而保护生物膜正常功能不被破坏。维生素C还能有效维持红细胞生物能力三磷酸腺苷(ATP)和红细胞超氧化物歧化酶(SOD)的活性,使红细胞进行正常的氧运输,线粒体膜上的氧化磷酸化过程也能顺利进行。这些对加快体内有氧代谢速率,增强运动能力都有帮助。[19]

(5)减少亚硝胺的产生。腌制蔬菜、肉制品等食物中含有一定量的亚硝酸盐,人体本身也能把蔬菜等食物中的硝酸盐还原成亚硝酸盐。亚硝酸盐在体内与胺类物质反应会生成强致癌物亚硝胺。维生素C能够把亚硝酸盐还原成无害的氧化亚氮,从而抑制亚硝胺的生成。

动物试验发现,给小鼠、大鼠喂食大剂量亚硝酸盐和胺类,会引起急性中毒,但同时给予维生素C能完全防止中毒的发生;长期给小鼠、大鼠喂食亚硝酸盐和胺类，同时给予维生素C，能有效抑制肿瘤的发生[20-22]。

三、对抗黑色素，美白防晒

阳光照射会使皮肤中产生大量的自由基，造成皮肤细胞损伤，加速皮肤老化。维生素C能清除自由基，抑制细胞基本成分氧化，减少自由基对皮肤的损害，从而减缓皮肤的衰老过程，有助于减少皱纹，并改善皮肤结构。

皮肤中的酪氨酸在酪氨酸氧化酶的作用下，可以形成黑色素。皮肤的颜色主要由黑色素决定，当黑色素细胞形成黑色素的功能较强时，皮肤表面就会出现黑色素

天然维生素C

沉着,最常见的有雀斑、老年斑、黄褐斑和黑皮症。

黑色素的颜色是由黑色素分子中的醌式结构决定的,而维生素C具有还原剂的性质,能使醌式结构还原为酚式结构。维生素C不仅能还原黑色素,还能参与体内酪氨酸代谢,减少酪氨酸转化成黑色素。因此,维生素C能减少黑色素生成,并淡化、减少黑色素沉积,达到美白功效[23]。

四、促进铁的吸收

铁是一种重要营养素,在人体内具有多种功能,它对于红细胞的制造和血液中氧的运输至关重要。铁的食物来源有动物肝脏、瘦肉、蛋黄、大豆、绿色蔬菜、木耳、蘑菇等。

维生素C能帮助人体将非肉类食物中不易吸收的三

维生素C能够促进铁元素的吸收

价铁（Fe^{3+}）还原成易吸收的二价铁（Fe^{2+}），促进铁在肠道内的吸收，是治疗缺铁性贫血的重要辅助用药。有了维生素C，人体对非肉类食物中铁的吸收能够提高数倍。摄入100毫克维生素C，可以使铁的吸收率提高67%[24]。

维生素C还影响铁在身体里的分布和利用。血液中的维生素C含量高，运载铁的蛋白能快速释放铁，提高了运输效率，让更多的铁被吸收利用[25]。

研究发现，维生素C有助于降低缺铁人群的贫血风险。给患有轻度缺铁性贫血的儿童每天补充50毫克维生素C，可以有效抑制儿童贫血发生。如果儿童饮食以植物性食物为主，建议为儿童补充适当的维生素C，可以降低患缺铁性贫血的风险。[26]

五、促进胶原蛋白合成的神奇之手

胶原蛋白是由甘氨酸、脯氨酸、羟脯氨酸、赖氨酸、羟赖氨酸等氨基酸组成的蛋白质，甘氨酸-脯氨酸-羟脯氨酸是胶原蛋白中最丰富的三螺旋结构。其中，脯氨酸、赖氨酸来源于食物，羟脯氨酸、羟赖氨酸是通过羟化酶的作用转化而来的。羟脯氨酸是胶原蛋白的重要组成成分，参与胶原蛋白的折叠，形成稳定的立体结构。

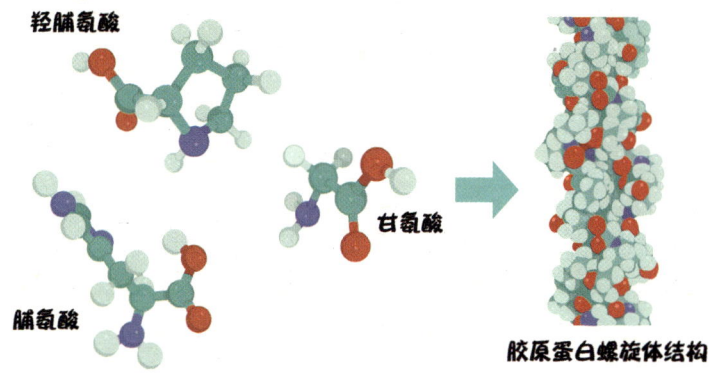

胶原蛋白的三螺旋结构

维生素C是加氧酶和脯氨酸羟化酶、赖氨酸羟化酶的辅助因子。加氧酶参与胶原蛋白的合成和基因转录的调节。加氧酶和脯氨酸羟化酶就像是制造胶原蛋白的工人，加氧酶负责把氨基酸组装成胶原蛋白，脯氨酸羟化酶负责把胶原蛋白搭建成稳定的立体结构。

缺少维生素C，加氧酶和脯氨酸羟化酶就会失去活性，所以说维生素C是参与胶原蛋白合成的神奇之手。

> **小知识** ▶
>
> 补充胶原蛋白产品时,配合维生素C,能促进胶原蛋白的合成,使皮肤更有弹性,骨骼更坚固,关节更润滑,牙龈更健康。

六、帮助肝脏解毒

肝脏是药物和有毒物质在体内代谢的主要场所,在肝脏的生物转化作用下,可以使有毒物质的生物活性降低或消失,或者溶解度增高,容易随胆汁或尿液排出体外,这就是日常所说的肝脏的解毒作用。

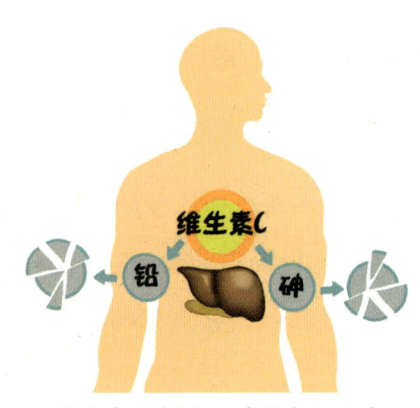

维生素C帮助肝脏排出铅、砷

维生素C对重金属离子如铅、汞、砷、镉,化学物质苯、细菌毒素以及一些药物具有解毒作用。它的解毒途径有3种：

（1）帮助谷胱甘肽还原。谷胱甘肽是由谷氨酸、半胱氨酸和甘氨酸结合的含有巯基的三肽，是体内重要的抗氧化物质，具有整合解毒作用。谷胱甘肽有还原型和氧化型两种形式，还原型谷胱甘肽能参与生物转化，把体内有害毒物转化为无害物质，排泄出体外。维生素C通过抗氧化作用，可以把氧化型谷胱甘肽还原为还原型谷胱甘肽，让更多的谷胱甘肽参与结合及转化重金属离子等物质，增强肝脏的解毒功能。

（2）维生素C本身也能和重金属离子结合，结合物经尿液排出体外，减轻在体内的毒性作用。例如，维生素C能与体液中的铅结合形成络合物，使铅在体液中的溶解能力大大增加，便于随尿液排出体外，减轻铅在体内的蓄积。有试验表明，对铅中毒患者每天给予维生素C 100～200毫克，数星期后患者的铅中毒症状均有好转。[27]

（3）药物或有毒物质的羟化过程就是解毒过程，这个反应由混合功能酶完成，维生素C能提升酶的活性，促进解毒。

> **小知识** ▶
>
> 服用某些药物时，同时摄入维生素C，能帮助身体排毒，减轻肝脏负担。抗肿瘤药卡培他滨、斑蝥素等对肝脏有毒性作用，维生素C能够有效减轻这些药物引起的肝脏毒性，具有保护作用[28, 29]。免疫抑制剂环孢素A有肝脏毒性的副作用，维生素C对环孢素A引起的肝损伤具有保护作用，配合使用能够减轻环孢素A的肝脏毒性副作用[30]。

七、维生素C与药物的配伍

维生素C能帮助某些药物发挥药理效应，减少毒副作用，因此可以与多种药物配伍使用。

> **小知识** ▶
>
> ### 感冒药配合维生素C一起吃
>
> 维生素C能辅助病毒性感冒的治疗。与感冒药一起服用，能够较快地减轻感冒症状，缩短高热的退热时间，提高治疗效果。

天然维生素C

（1）利尿剂、阿司匹林：利尿剂、阿司匹林等药物会造成体内大量维生素C流失，需要同时补充维生素C。

（2）肾上腺皮质激素、促皮质素：维生素C能防止或减轻因为用药出现的出血性倾向。

（3）洋地黄：维生素C可防止或减轻因服用洋地黄引起的心电图异常。

（4）麻醉药：使用麻醉药常伴有虚脱、恶心、呕吐等副作用，维生素C能减轻以上症状。

（5）解痉剂：维生素C能预防服药导致的巨细胞性贫血[3, 31, 32]。

（6）对乙酰氨基酚：维生素C对对乙酰氨基酚引起的肝脏、肾脏损伤有保护作用[33, 34]。

> **小知识**
>
> **口服避孕药配合维生素C一起吃**
>
> 维生素C可增强口服避孕药的作用。口服避孕药的人群需要额外补充维生素C。

第四章 维生素C缺乏的表现

一、免疫力低下

免疫力低下的表现

身体缺乏维生素C会影响免疫细胞的作战能力,引起免疫力低下。免疫力低下有以下几种表现:[35]

1.感到疲劳、困倦

提不起精神,做一点事就感到疲劳,容易犯困。休息一段时间后,精力有所恢复,但持续时间不长,又会感到累。检查不出病症，身体处于亚健康状态。

2.容易患感冒、感染疾病

换季时气温变化或者进出空调房间容易受凉，对温度变化的反应较大，比一般人敏感。周围有感冒的人，容易被传染。感冒以后容易并发咳嗽、炎症等，很长一段时间才会好起来，用药效果也不太理想。

> **小知识**
>
> 普通感冒大部分是病毒性感冒，不能滥用抗生素。人体免疫力低下时病毒容易入侵，维生素C能增强身体对病毒的抵抗力，预防感冒。感冒流行季节，身体更加需要强大的免疫力。

3.伤口愈合慢，容易感染

受损的皮肤、黏膜难愈合，容易感染，伤口出现红肿化脓。

口腔溃疡的处理

维生素C内服加外用可治疗口腔溃疡。将维生素C研磨成粉，局部涂抹在溃疡部位，可以加快溃疡愈合，减轻疼痛[36]。

4. 肠胃娇弱

碰到冰凉、辛辣刺激或者较难消化的食物，肠胃就容易出问题，发胀、不消化，还会腹泻、腹痛。

5. 旧病容易复发

患有慢性病的人，疾病容易复发或加重。

二、胶原蛋白流失

胶原蛋白是人体主要蛋白质，占人体蛋白质总量的25%～30%。人体组织和器官是由细胞构成的，细胞与细胞之间存在着细胞间质，包括组织液、淋巴液、血浆。细胞间质的作用是连接和保护细胞，胶原蛋白是它的主要成分。结缔组织是由大量细胞和细胞间质组成的,80%以上是胶原蛋白。皮肤真皮层、软骨等组织的70%~80%是胶原蛋白。

维生素C参与胶原蛋白的形成,能保持身体组织的完整。缺少维生素C,身体容易出现以下症状:

1.牙龈出血、萎缩

健康的牙床紧紧包裹着每一颗牙齿底部。牙龈是软组织,大部分组成成分是胶原蛋白。缺少维生素C会影响胶原蛋白合成,牙龈容易出血、萎缩。

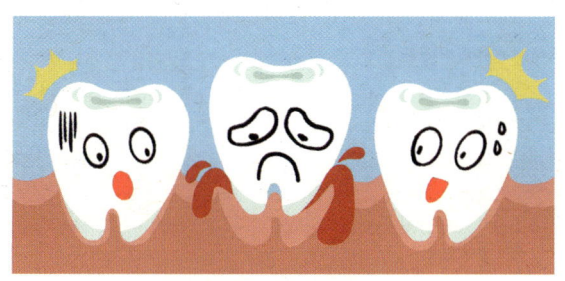

牙龈出血、萎缩

2.皮肤老化、失去弹性

胶原蛋白像弹簧一样,在皮肤中形成立体、紧密的弹力网,可以防止水分流失,让细胞紧密排列,形成完整的皮肤结构。

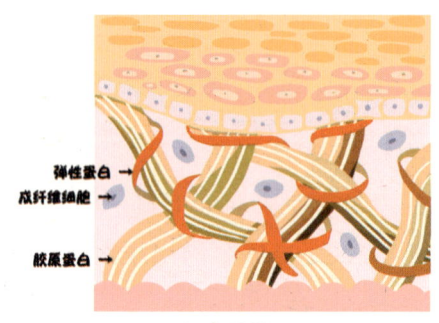

皮肤结构

缺乏维生素C会使胶原蛋白流失,导致皮肤结构松弛,皮肤水分容易流失,加快皮肤衰老。

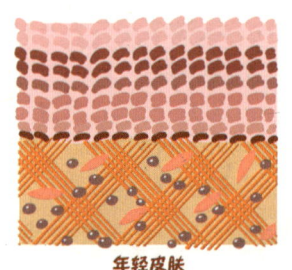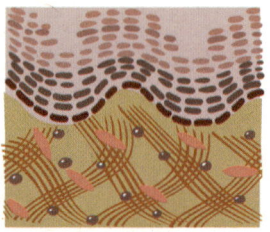

皮肤老化过程中的结构变化

三、骨质疏松,关节疼痛

胶原蛋白和蛋白多糖、钙一起构建了人体骨骼及关节的"大厦",其中胶原蛋白充当了钢筋水泥的作用，把钙牢牢固定在骨骼上，并且使骨骼具有弹性。胶原蛋白还是关节软骨的主要成分，关节软骨是骨骼的保护垫。

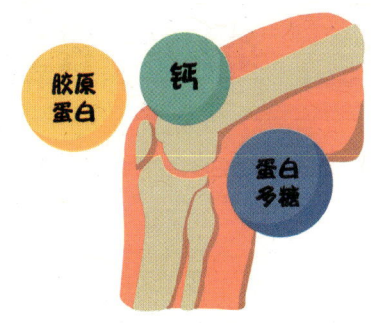

缺乏维生素C，骨骼关节胶原蛋白不足，会导致钙不能在骨骼上固定，造成骨质疏松；关节软骨缺乏弹性和润滑，关节磨损疼痛[37]。

四、坏血病

人体长期缺乏维生素C，会引起坏血病。细胞间质缺少胶原蛋白，会使细胞间的连接出现障碍，导致组织结构遭受破坏，引起牙龈肿胀出血、萎缩；毛细血管脆性增加，消化道、皮下组织出血；骨骼变形、肌肉萎缩，严重情况下导致死亡。坏血病的初步症状是疲劳、倦怠，皮肤有瘀斑，伤口难愈合，牙龈疼痛出血，关节肌肉疼痛。

第五章　科学补充维生素C

一、我们每天需要多少维生素C

根据我国居民维生素C参考摄入量(参见附录表1)推荐,人体所需维生素C的每日推荐摄入量会随年龄发生变化,详见表1。

表1　不同年龄人群维生素C每日推荐摄入量

人群	推荐摄入量/(毫克·天$^{-1}$)
0~3岁婴幼儿	40
4~6岁学龄前儿童	50
7~10岁学龄儿童	65
11~13岁青少年	90
14~17岁青少年	100
18岁以上成人	100
孕早期	100
孕中期和晚期	115
哺乳期	150

天然维生素C

二、维生素C的食物来源

维生素C广泛存在于各种新鲜水果和蔬菜中,人们熟知的富含维生素C的水果有猕猴桃、柑橘、草莓、柠檬等,每100克水果中维生素C含量通常为20～80毫克。

而另一些不常见的超级水果,如针叶樱桃、刺梨、沙棘等,维生素C含量可达到1000毫克/100克以上。其中,针叶樱桃的维生素C含量高达2440毫克/100克[38],

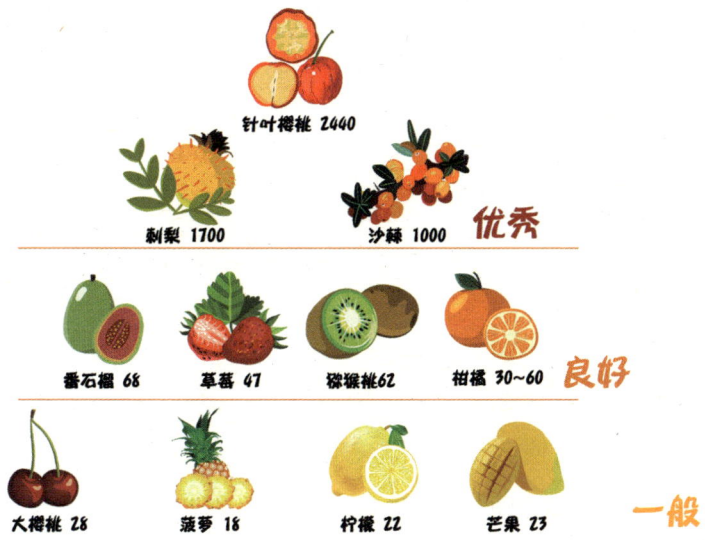

100克水果中的维生素C含量(毫克)

是猕猴桃的39倍，柠檬的110倍，因此针叶樱桃有"维生素C之王"的美誉。

三、你的身体里有一个维生素C池子

食物中的维生素C在人体小肠被吸收，主要靠SVCT1和SVCT2两种载体蛋白作为小船把维生素C运送到血液里，经过血液循环，分布到各个组织器官中，发挥生理作用。维生素C的代谢产物主要从尿液排出。

人的身体内有一个维生素C池子，需要的时候从池子里吸收利用。维生素C池子满了，多出的部分就会从尿液和汗液中排出，不会被吸收利用。正常成人体内的维生素C代谢活性池中约有1500毫克维生素C，最高储存峰值为3000毫克维生素C。

维生素C的摄入量较低时，几乎完全被吸收。每天摄入30～200毫克，吸收率为80%～100%；每天摄入500毫克时，吸收率下降至75%左右；每天摄入1250毫克时，吸收率下降至50%左右[39,40]。

小知识 ▶

维生素C不是补充得越多吸收率越高

口服50毫克、100毫克、200毫克、500毫克的合成维生素C,其血液中的维生素C水平变化如下图所示。

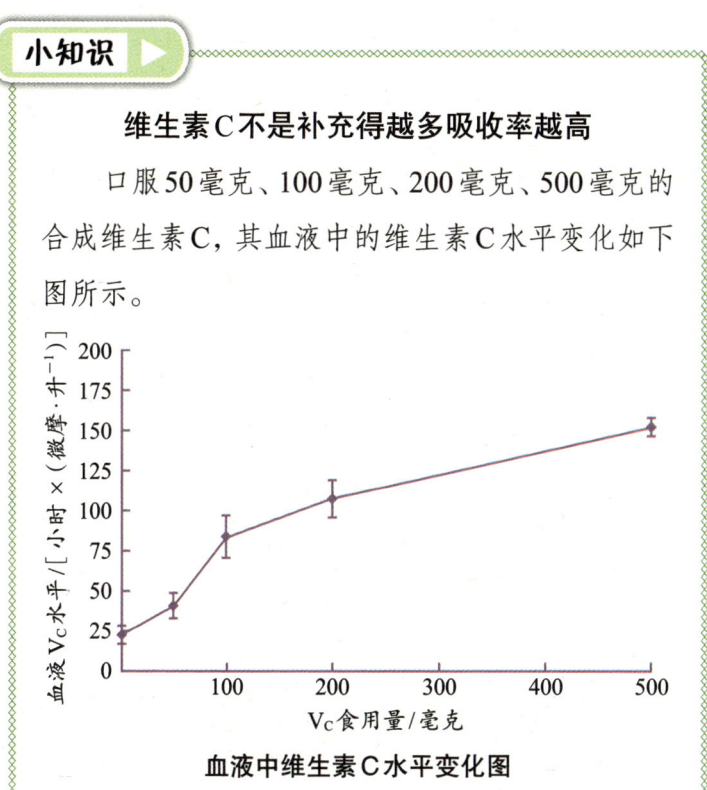

血液中维生素C水平变化图

四、通过蔬果补维生素C,你吃够了吗

维生素C非常脆弱,容易溶在水中流失掉,遇热会分解,暴露在空气中容易被氧化破坏,暴露在光照下也

会损失,金属离子、碱性物质也会加快维生素C的破坏速度。

1 水	**水溶性**:清洗蔬菜时,维生素C会从切口随水流失	
2 碱	**酸碱中和**:维生素C遇到碱性物质特别不稳定,容易被破坏,如烹调用小苏打	
3 盐	**易被破坏**:维生素C遇盐易被破坏,加盐量与破坏程度成正比	
4 热	**遇热分解**:焯、蒸、炒、煎、炸等烹调方式,蔬菜中的维生素C都会有所损失	
5 光	**光敏性**:暴露于光照下维生素C会损失	
6 氧	**易氧化**:许多蔬菜、水果一旦切开或切碎暴露在空气中,维生素C就会被氧化破坏	

造成维生素C流失或破坏的因素

有氧化酶及极少量铜、铁等金属离子存在时,会促进维生素C的氧化破坏。氧化酶一般在蔬菜中含量较多,特别是黄瓜和白菜类,但在柑橘类水果中含量较少,所以蔬菜在储存过程中维生素C会有不同程度的损失。柑橘等水果中还含有黄酮等天然植物成分,可以减少维生素C的氧化[1]。

蔬菜是我们膳食中维生素C的主要来源之一,维生素C在蔬菜采摘、运输到烹饪的整个过程中损失严重。蔬菜采摘后10小时,维生素C损失可达38%~66%。中国居民摄入蔬菜的方式以熟食为主。蔬菜中的维生素C在切菜过程中,部分与空气接触后被氧化破坏,清洗、浸泡也可使维生素C损失,烹饪过程中的加热、加盐都会使维生素C被破坏,因此蔬菜烹饪后维生素C损失可达80%。

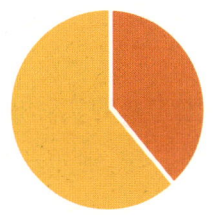
蔬菜采摘后10小时
维生素C损失38%~66%

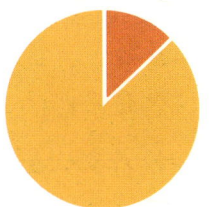
蔬菜烹饪后
维生素C损失可达80%

蔬菜中维生素C损失分析图

水果也是我们膳食中维生素C的主要来源。蔬菜中的维生素C容易损失,靠吃水果补充维生素C行吗?在

不考虑消化吸收的情况下,要达到100毫克维生素C的摄入量,你需要每天吃这么多:

100毫克维生素C = 柑橘250克 = 柠檬500克

有研究分析了2000—2009年我国各地区人群维生素C的膳食摄入状况,得出不同人群的平均每日维生素C摄入量分别为:婴幼儿21.72毫克,学龄前儿童43.11毫克,学龄儿童75.77毫克,青少年83.15毫克,成人81.80毫克,老人76.75毫克,孕妇125.04毫克。不同地区各年龄段的人群膳食维生素C的实际摄入量,基本上在推荐摄入量的60%~80%。而华北地区的学龄儿童和西南地区的学龄前儿童维生素C的摄入不足情况最为严重,维生素C的实际摄入量仅为推荐摄入量的1/3[41]。

2010—2012年我国居民营养与健康状况监测数据分析得出,存在维生素C摄入不足风险的人群比例较高,有待改善[42]。

2015年开展的一项针对我国15省老年居民膳食维生素C的摄入状况的调查显示,65岁以上居民每天维生素C平均摄入量为71.8毫克,中位水平为59.5毫克,约70%的老年居民存在膳食维生素C摄入不足风险,仅有21.6%的老年居民维生素C的摄入不足风险较低[43]。

五、补充维生素C有讲究

蔬菜烹饪后容易损失维生素C,如果其他含维生素C的食物如水果摄入不够,就需要额外补充维生素C。生活中可以买到维生素C的OTC药品、保健食品,这些产品怎么选？

主要看来源！维生素C产品按照来源不同,可分为天然维生素C和合成维生素C。建议选择天然维生素C。天然维生素C制品中除了含维生素C外,还有多种植物营养素共同作用,成分丰富,安全性好。

六、维生素C参考摄入量

维生素C是水溶性维生素，相对安全，其多余部分会随尿液排出体外。维生素C的代谢产物之一是草酸盐，过量吃维生素C，草酸盐排泄量增加，可能会导致泌尿系统结石。成人每天服用2～3克维生素C，会引起腹泻、腹痛等症状[1]。

《中国居民膳食营养素参考摄入量（2013版）》建议的每天维生素C最高摄入量，见下图。也就是说，成人每天补充2克以下维生素C是安全的，青少年、儿童按相应水平适量补充。

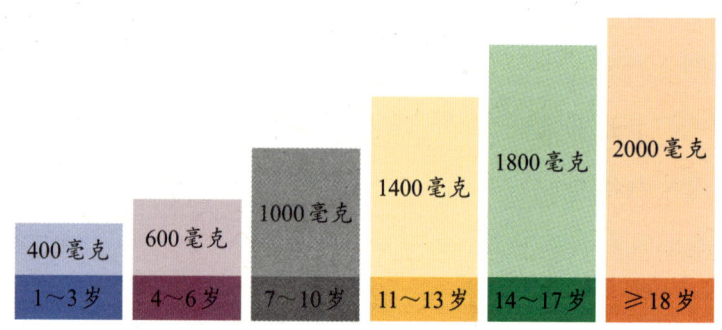

不同年龄段人群每日可耐受维生素C最高摄入量

第六章 天然维生素C从哪里来

一、针叶樱桃

针叶樱桃是世界上维生素C含量最高的水果之一,每100克针叶樱桃中含有2440毫克的维生素C,是番石榴的36倍,草莓的52倍,柠檬的110倍,有"维生素C之王"的美誉。

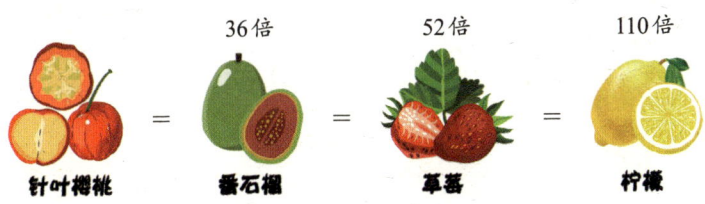

每100克不同水果中维生素C含量比

虽然被叫作"樱桃",但实际上针叶樱桃不是樱桃,与市场上的本土樱桃(中国樱桃、毛樱桃)、车厘子、大樱桃(欧洲甜樱

针叶樱桃果实

桃）都没有关系。针叶樱桃果肉里有3颗种子。在植物学分类上，针叶樱桃属于金虎尾科金虎尾属，而樱桃属于蔷薇科樱属，它们不是近亲。

针叶樱桃除了富含维生素C外，还含有类胡萝卜素、酚类物质（包括生物类黄酮和酚酸）、γ-氨基丁酸（GABA）以及多种维生素、矿物质[44]。这些植物营养素和维生素C一起组成了人工无法复制的针叶樱桃天然维生素C浓缩物。

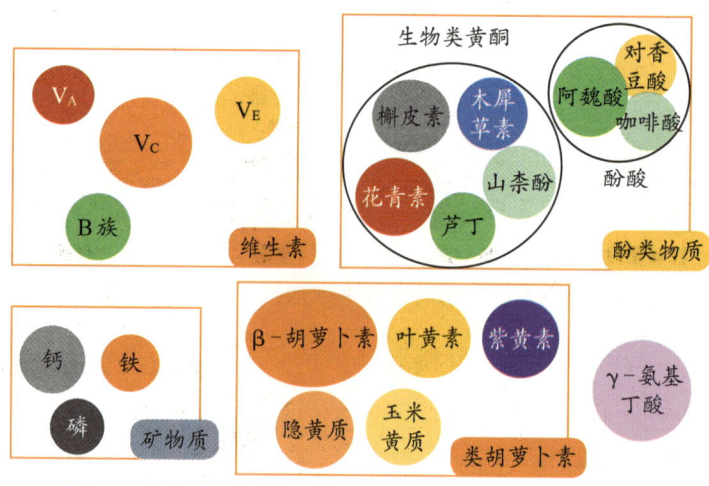

富含天然维生素C和植物营养素的针叶樱桃浓缩物

天然维生素C浓缩物和合成维生素C就像森林和

树木，森林里面除了有树木，还有花草、动物、菌菇和微生物，它们一起组成了奇妙丰富的生态系统。

维生素 C 具有增强免疫力、抗氧化、促进胶原蛋白合成、促进铁的吸收、防晒美白、帮助肝脏解毒等功能。类胡萝卜素、花青素、黄酮分别有增强免疫力、抗氧化等作用。维生素 A、维生素 E 等维生素，铁、钙等矿物质都能帮助维持人体的正常功能。

这些植物营养素既有自己的独立功能，又能帮助促进维生素 C 的吸收，使天然维生素 C 制品在增强免疫力、抗氧化等功能上比单一的维生素 C 更强大。用针叶樱桃果汁浓缩而成的天然维生素 C 浓缩物，就很好地保留了维生素 C 及植物营养成分。

目前，针对针叶樱桃天然维生素 C，科学家已有了更多的研究和发现。针叶樱桃中的类胡萝卜素、生物类黄酮、维生素 E 等都具有清除自由基、抗氧化的作用，能保护维生素 C 不被自由基破坏。在铜离子存在的情况下，维生素 C 容易被破坏，铜离子会促进维生素 C 的氧化。针叶樱桃中的生物类黄酮，如芦丁、槲皮素、黄酮醇等成分，可与铜离子络合，对维生素 C 有保护作用[45-47]。

部分花青素对运输维生素C的SVCT1载体有抑制作用,例如葡萄中的花青素,而如果花青素在C3位点与糖基结合,就失去了抑制作用[40]。针叶樱桃中的两种主要花青素就符合这个特点,不会抑制维生素C的运输和吸收。

日本的一项研究表明,与食用合成维生素C相比,食用针叶樱桃天然维生素C的人体血浆中维生素C水平更高,从尿液以原型排出的维生素C少了48.7%[40]。简单地说,由于植物营养素的存在,天然维生素C在人体内的吸收和利用程度更高。

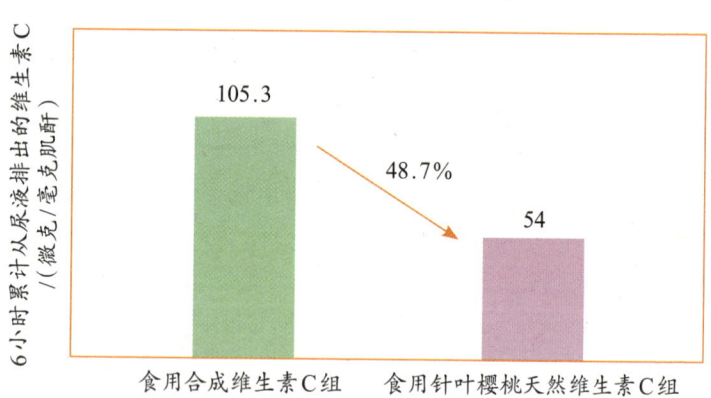

尿液排出的维生素C水平

表2 针叶樱桃营养素含量表

营养素	每100克含量	单位
蛋白质	0.21~1.20	克
脂肪	0.23~0.80	克
碳水化合物	4.30~4.40	克
膳食纤维	3	克
维生素C	2440	毫克
维生素E	0.13	毫克
维生素B_1	0.02	毫克
维生素B_2	0.07	毫克
维生素B_6	8.7	毫克
磷	37.5	毫克
钙	34.6	毫克
铁	1.11	毫克
总类胡萝卜素	1410~4060	微克
β-胡萝卜素	265.5~1669.4	微克
叶黄素	37.6~100.7	微克
β-玉米黄质	16.3~56.5	微克
α-胡萝卜素	7.8~59.3	微克
花青素	3.81~47.4	毫克

续表

营养素		每100克含量	单位
酚酸	对香豆酸	1136	微克
	阿魏酸	516	微克
	咖啡酸	533	微克
总黄酮		1.7	克
芦丁（维生素P）		58~300	微克
槲皮素		2773	微克
山奈酚		1426	微克
木犀草素		316	微克
γ-氨基丁酸（GABA）		4.3~21.4	毫克

针叶樱桃中的花青素有抗糖化、降血糖、防晒、美白等功能，与维生素C联合作用，效果更强大。

1.抗糖化

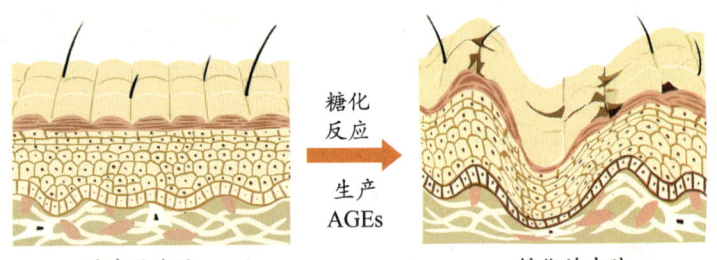

糖化皮肤的结构变化

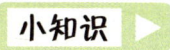

糖化知多少

体内过剩的糖类（碳水化合物）和蛋白质相互作用，会产生糖化终产物AGEs，导致蛋白质变性。胶原蛋白糖化后发生断裂或紊乱，会失去弹性而变得脆弱，使皮肤松弛衰老。糖化还会加速人体衰老，引起各种疾病。

针叶樱桃中的花青素对α-葡萄糖苷酶和糖化终产物AGEs的形成均有抑制作用，能够减少糖化反应，具有抗糖化作用[48]。

2.辅助降低餐后血糖

针叶樱桃中的花青素能抑制α-葡萄糖苷酶和麦芽糖酶的活性，能够通过调节葡萄糖和麦芽糖的吸收，降低血糖水平，对餐后引起的高血糖起到预防作用[49]。

3.防紫外线、亮肤美白

针叶樱桃中的花青素能够抑制酪氨酸酶活性，减少细胞内黑色素生成。口服针叶樱桃能够减轻紫外线照射引起的肤色变深,达到防紫外线、亮肤美白的效果[50]。

二、刺梨

刺梨是蔷薇科植物缫丝花的果实,是贵州、云南、四川等地的野果,目前也有了人工栽培基地,其中贵州的刺梨产量居全国之首。

刺 梨

刺梨果肉质脆,略酸,带有涩味,可加工成果汁,也可以制作成刺梨果干食用。200多年前《本草纲目拾遗》对刺梨用途的记载是"食之已闷。消积滞"。也就是说,刺梨具有健脾胃、助消化作用。

现代科学研究发现,刺梨含有丰富的维生素C、多糖、超氧化物歧化酶(SOD)、生物类黄酮等营养成分,每100克刺梨果肉中有1700毫克左右的维生素C[51, 52]。但是刺梨中的超氧化物歧化酶非常不稳定,加工的温度以及酸性环境都会使其迅速失活,因此保留其活性是刺梨加工的一个重要问题。另外,刺梨涩味比较重,其原因是含有较多的单宁,加工成刺梨汁、刺梨果干则需要加糖调味或者去除单宁。

由于刺梨具有一定的增强免疫力、辅助降血脂的保健功效,通常在保健食品、药品中与其他功效原料搭配使用。

三、沙棘

沙棘是胡颓子科沙棘属落叶灌木,又名醋柳、酸刺。由于沙棘树耐干旱、抗风沙,可以在盐碱土地上生长,故大量种植于我国西北地区,用于保持水

沙棘树

土、沙漠绿化。我国是世界上沙棘资源最多的国家,主要分布在山西、西藏、青海、内蒙古、甘肃、陕西等地,占全世界沙棘资源的99%以上[53]。

沙棘是药食同源植物,可作为中药,也是蒙古族、

藏族的传统药材，其功效是祛痰止咳、消食化滞、活血散瘀，主要用作消食药；作为食品，沙棘果的味道较酸，常用来加工制成果汁、果酒、果酱、果脯等食品。

100克沙棘中约含有1000毫克维生素C。除此之外，沙棘中还有维生素E、类胡萝卜素、脂类、生物类黄酮等营养成分。因为脂溶性营养成分丰富，沙棘中提取的沙棘油包括沙棘籽油和沙棘果油，都可用作保健食品，具有辅助降血脂、抗氧化等作用。[53,54]

四、柑橘

提到维生素C含量高的食物，不少人脑海中就会浮现柠檬、橘子等柑橘类水果。柑橘是橘、柑、橙、金柑、柚、枳等的总称，在植物学分类上，它

柑橘

们都属于芸香科柑橘属。柑橘的种类繁多，包括甜橙、宽皮柑橘、葡萄柚、柚、柠檬等品种。

柑橘是世界第一大果树品种,在世界水果中的种植面积及产量都是首位。我国是柑橘的重要原产地之一,也是世界第二大柑橘生产国[55]。

柑橘的维生素C含量按每100克果肉计为30~60毫克。比如,每100克甜橙的维生素C含量约为33毫克[1],每天吃2~3个甜橙就可以补充100毫克维生素C。

柑橘的营养成分还包括类胡萝卜素、生物类黄酮等。柑橘中的类胡萝卜素主要是叶黄素、玉米黄质、β-隐黄质;生物类黄酮主要是橙皮苷、柚皮苷等。柑橘中只有血橙是含有花青素的[56]。在水果中,柑橘的维生素C含量并不算高。

五、柠檬

柠檬也是柑橘类水果中的一种。在世界柑橘业中,柠檬占第三位,年产量约占世界柑橘总产量的9%。柠檬的主产国为南非、意大利、美国和西班牙,我国的四川、重庆、广西、云南等地也有分布。[57]

人们常用柠檬泡水或榨汁来补充维生素C,实际上柠檬的维生素C含量在柑橘水果中并不算高，100克柠檬果肉中维生素C含量约为22毫克，100克柠檬汁的维生素C含量约为70毫克[58]。

柠檬汁

柠檬的酸味主要来自柠檬酸，柠檬也被称为"柠檬酸仓库"。柠檬的苦味主要来自柠檬苦素。柠檬果皮和果汁中还含有单萜、柠檬烯等芳香物质。因此，柠檬被用作上等调料，用来调制饮料、菜肴、化妆品等。

第七章 维生素C之王——针叶樱桃

一、彼得罗利纳的健康奥秘

巴西彼得罗利纳拥有世界上稀有的针叶樱桃，这种水果被当地居民称为"红色珍宝"。当地居民长期食用针叶樱桃果汁、针叶樱桃糕点，以帮助自己和家人保持身体健康。

为什么针叶樱桃能带来健康？美国佛罗里达大学的雷蒙·德尔瓦博士通过长达15年的研究发现：长期食用针叶樱桃能使免疫系统不易受到外界侵袭，这是因为针叶樱桃富含维生素C、花青素等活性物质，它们能发挥强大的生物活性，增强人体抵抗力。[44]

针叶樱桃果实

针叶樱桃原产墨西哥南部、中美洲、南美洲北部。中美洲原住居民除了食用针叶樱桃果实，还会在迁移中携带种子或树苗，鸟类也会食用针叶樱桃果实并传播种子，因此针叶樱桃被传播到加勒比海的各个岛屿，成为加勒比地区常见的野生灌木。西班牙人来到美洲之后，这种颜色鲜艳的水果引起了他们的注意，由于它长得像欧洲樱桃（大樱桃），因此被命名为西印度樱桃。根据分布地的不同，针叶樱桃又被叫作巴巴多斯樱桃、安的列斯樱桃等。[59]

二、从默默无闻到"维C之王"

在1945年以前，针叶樱桃是美洲当地野生水果，人们会采摘食用，也会做成果酱吃。总体来说，针叶樱桃利用得很少。

直到1945年，波多黎各热带医学院的阿森霍博士及其团队得到了一些针叶樱桃，他们突发奇想，想知道里面含有多少维生素C，并且马上行动起来，最终他们发现每100克针叶樱桃果汁中含有1000～3300毫克维

天然维生素C

生素C。这一发现相当惊人,要知道当时公认的维生素C含量最高的水果,如西柚只有50毫克/100克的维生素C,番石榴只有68毫克/100克的维生素C。1946年,阿森霍和古兹曼把这一研究成果发表在《科学》杂志上。受到以上发现的鼓舞,1947年阿森霍博士与波多黎各大学农业试验站合作启动了针叶樱桃研究项目,对针叶樱桃展开了播种和栽培、土壤和气候因素、品种选育等多方面的深入研究。同时,营养学家广泛宣传针叶樱桃高维生素C的营养价值,鼓励加勒比地区的人们栽种和食用针叶樱桃[60]。

自此,科学家开始研究针叶樱桃中天然维生素C对人体的健康作用,针叶樱桃也被称为"维生素C之王"。

1949年,波多黎各开始出现规模化种植针叶樱桃的农场、庄园,专业加工针叶樱桃果汁和果酱的工厂。早在1880年，针叶樱桃树就从古巴传入了美国佛罗里达州，并因为叶子茂密、四季常绿而成为常见的庭院绿化树木被用作树篱，但并不食用其果实[59]。直到针叶樱桃果汁和果酱从加勒比漂洋过海来到美国佛罗里达州，一小杯果汁或一小勺果酱就能满足人体一天的维生素C需求，这引起了美国人强烈的兴趣，人们认识到针叶樱桃对于婴幼儿、儿童是极好的维生素C来源。但是针叶樱桃是热带水果，在美国的大部分土地上不适宜种植。由于当时这种超高维生素C含量的水果主要来自加勒比地区，针叶樱桃被学者称为"加勒比的奇迹"。[60]

1955年，巴西伯南布哥州农业大学的阿尔梅达教授从波多黎各带回250颗针叶樱桃种子，把这种果树引入巴西。此前针叶樱桃已经在巴西圣保罗野生生长了50多年，但没有专门种植，也没有加以利用[61]。

针叶樱桃从加勒比地区传播到巴西，找到了最适宜的土壤气候环境，现在巴西拥有最多、最好的针叶樱桃，每100克针叶樱桃中的维生素C含量约高达2440毫克。

天然维生素C

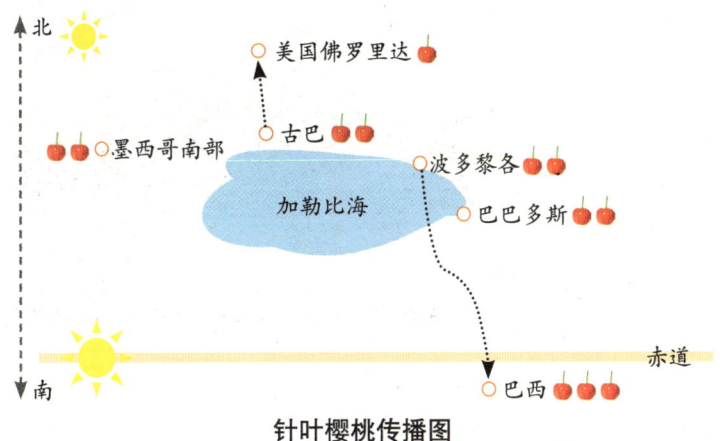

针叶樱桃传播图

三、黄金产地

针叶樱桃树是热带植物,特别喜欢温暖的阳光,每天需要照射阳光6小时以上,不喜欢雨水,温度要适宜,不能冷也不能太热[61]。日照不充足,维生

采摘前的针叶樱桃

素C等营养物质产生不够多,很难积累;雨水太多,水溶性营养物质会流失。因此,美国和亚洲引种针叶樱桃,

采收的针叶樱桃

果实质量会大打折扣。

巴西彼得罗利纳临近赤道,位于南纬9°,一年的日照时间可达3000小时,每天阳光照射时间超过8小时,平均气温25~27℃,年降水量560毫米,属于半干旱气候,沙质土壤利于排水,是针叶樱桃的黄金产地[62,63]。

四、漂洋过海的针叶樱桃

针叶樱桃这么好,为什么我们吃不到新鲜的针叶樱桃水果?首先,距离太远,巴西到中国的直线距离约18800千米,需要跨过大半个地球。

天然维生素 C

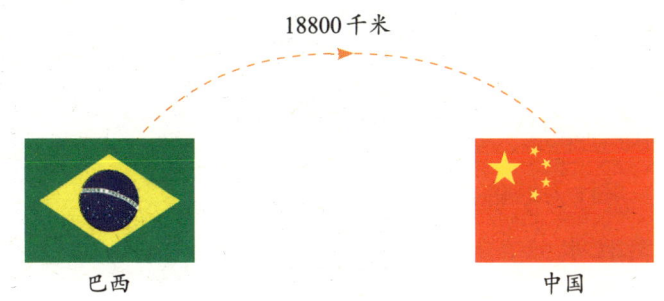

漂洋过海的针叶樱桃

其次，要说到针叶樱桃的种植、采摘、保存和加工。针叶樱桃是一种中等大小的灌木，树高2～5米，树干直径7～10厘米。枝叶浓

针叶樱桃花

密，向四周分散。叶子对生，形状为卵形、椭圆形和披针形。顶部的叶子为亮绿色，底部的叶子是浅绿色。针叶樱桃果实的大小、形状和重量各不相同，形状为椭圆形或拟球形，重量为2～10克。果实在不同时期呈现不同的颜色：一开始是绿色，逐步变成黄色，最后成熟时

为深红色。果实中通常有3颗籽,这是与樱桃果实最大的区别。果汁为红色。果实富含水分,果汁能占到果实重量的80%。针叶樱桃每年结果3～4次,每棵树年产20～30千克果实。针叶樱桃树从栽种到结果,需要2年时间。[61]

成熟的针叶樱桃

采摘针叶樱桃

针叶樱桃的果实酸甜,鸟类非常喜欢,常常还没到成熟,果子就被鸟吃光了。针叶樱桃由青变红的青熟期,也是果实采摘期,是针叶樱桃果实维生素C含量最高的时候。整个果实采摘期只有18天,因为针叶樱桃果实汁液丰富,果皮又非常薄而脆弱,必须手工采摘,耗费人力和时间。采摘后的果实经过阳光照射,维生素C会大量损失,所以只能选择在刚刚能分辨果实颜色的清晨就开始采摘，并在短时间内完成。

果实离开枝头后，新陈代谢活力很高，会迅速变质，很容易进入发酵状态，故在室温下只能存放48～72小时。加上果实柔软多汁、果皮容易破损，对运输和存储的要求很高，因此除了原产地，很难买到新鲜的针叶樱桃。

新鲜的针叶樱桃很难吃到，但它的营养却可以通过现代的食品加工技术保存下来，带给大众健康。针叶樱桃的果汁含量高达80%，水溶性营养物质丰富，非常适合被加工成果汁。针叶樱桃果实在采摘后就立刻被送到当地工厂处理成果汁，果实从离开枝头到变成果汁的整个过程不超过24小时。这样得到的针叶樱桃原汁有一些被加工成果汁饮料、果酱等食品；有一些被进一步用物理工艺去除水分、瞬时喷雾干燥制成针叶樱桃果粉；还有一些被低温冷冻起来，通过冷链运输运到其他国家或地区。经过喷雾干燥或冷冻处理的针叶樱桃制品，维生素C等营养物质几乎可以实现无损失。

附 录

表1 中国居民膳食维生素C参考摄入量[1]

单位：毫克/天

人群	EAR	RNI	PI-NCD	UL
0岁~	—	40（AI）	—	—
0.5岁~	—	40（AI）	—	—
1岁~	35	40	—	400
4岁~	40	50	—	600
7岁~	55	65	—	1000
11岁~	75	90	—	1400
14岁~	85	100	—	1800
18岁~	85	100	200	2000
50岁~	85	100	200	2000
孕妇（早）	85	100	200	2000
孕妇（中）	95	115	200	2000
孕妇（晚）	95	115	200	2000
乳母	125	150	200	2000

注：(1)平均需要量（EAR）：指某一特定性别、年龄及生理状况群体中个体对某营养素需要量的平均值。

(2) 推荐摄入量(RNI):指可以满足某一特定性别、年龄及生理状况群体中大多数个体(97%~98%)需要量的某种营养素摄入水平。

(3) 适宜摄入量(AI):是通过观察或实验获得的健康群体某种营养素的摄入量。

(4) 预防非传染性慢性病的建议摄入量(PI-NCD):是以非传染性慢性病的一级预防为目标,提出的必需营养素的每日摄入量。

(5) 可耐受最高摄入量(UL):是指平均每日摄入营养素的最高限量。

表2 水果和蔬菜的维生素C含量[38,64]

食物类别和名称	维生素C含量/毫克 (以每100克可食部计)
针叶樱桃	2440
枣	243
猕猴桃	62
草莓	47
橙子	33
柿	30
芒果[抹猛果,望果]	23
柠檬	22
菠萝[凤梨,地菠萝]	18

续表

食物类别和名称	维生素C含量/毫克（以每100克可食部计）
哈密瓜	12
樱桃	10
桃	10
石榴	8
香蕉[甘蕉]	8
西瓜	6
梨	5
葡萄	4
苹果	3
彩椒	104
小白菜[青菜]	64
辣椒(青,尖)	59
西蓝花[绿菜花]	56
菠菜[赤根菜](鲜)	32
大白菜	38
藕[莲藕]	19
豆角	18
白萝卜(圆)	16
冬瓜	16

续表

食物类别和名称	维生素C含量/毫克 （以每100克可食部计）
番茄[西红柿]	14
黄瓜[胡瓜]（鲜）	9
胡萝卜	9
南瓜[倭瓜，番瓜]（鲜）	8
大蒜	7
西葫芦	6
竹笋（鲜）	5
茄子	5
金针菇[智力菇]（鲜）	2
香菇[香蕈，冬菇]（鲜）	1

参考文献

[1] 中国营养学会.中国居民膳食营养素参考摄入量（2013版）[M].北京：科学出版社，2014.

[2] 唐仪，李可基.神奇的维生素[M].杭州：浙江大学出版社，2004.

[3] 王三根.维生素与健康[M].上海：上海科学普及出版社，1998.

[4] 中华人民共和国卫生部.食品安全国家标准　食品添加剂　维生素C（抗坏血酸）：GB 14754－2010[S].

[5] BEND A，刘会臣.类胡萝卜素与免疫应答[J].国外医学：药学分册，1990（3）：157-159.

[6] 李福枝，刘飞，曾晓希，等.天然类胡萝卜素的研究进展[J].食品工业科技，2007（9）：227-232.

[7] 余南静，秦建华，吴玉玲.生物类黄酮的研究概况及应用[J].科教导刊，2009（9）：148.

[8] 吴蔚楚.植物花青素研究进展[J].当代化工研究，

2018 (9): 183-185.

[9] 孙涓, 余世春. 槲皮素的研究进展[J]. 现代中药研究与实践, 2011 (3): 85-88.

[10] 龙全江, 杨韬. 芦丁的研究概况及展望[J]. 中国中医药信息杂志, 2002, 9 (4): 39-42.

[11] 杨九凌, 祝晓玲, 李成文, 等. 咖啡酸及其衍生物咖啡酸苯乙酯药理作用研究进展[J]. 中国药学杂志, 2013, 48 (8): 577-581.

[12] VINSON J A, BOSE P. Comparative bioavailability to humans of ascorbic acid alone or in a citrus extract [J]. The American Journal of Clinical Nutrition, 1988, 48 (3): 601-604.

[13] CARR A C, MAGGINI S. Vitamin C and immune function[J]. Nutrients, 2017, 9 (11): 1211.

[14] HEMILÄ H, CHALKER E. Vitamin C for preventing and treating the common cold[J]. Cochrane Database of Systematic Reviews, 2013 (1): D980.

[15] PHAM-HUY L A, HE H, PHAM-HUY C. Free radicals, antioxidants in disease and health[J].

International Journal of Biomedical Science, 2008, 4 (2): 89-96.

[16] KIM M K, SASAZUKI S, SASAKI S, et al. Effect of five-year supplementation of vitamin C on serum vitamin C concentration and consumption of vegetables and fruits in middle-aged Japanese: a randomized controlled trial[J]. Journal of the American College of Nutrition, 2003, 22 (3): 208-216.

[17] 吴义霞, 谢林. 膳食维生素C摄入量与慢性病预防[C]//陈君石. 营养健康新观察. 北京: 中国疾病预防控制中心达能营养中心, 2018 (48): 13-18.

[18] POPOVIC L M, MITIC N R, MIRIC D, et al. Influence of vitamin C supplementation on oxidative stress and neutrophil inflammatory response in acute and regular exercise[J]. Oxidative Medicine and Cellular Longevity, 2015: 295497.

[19] 张宏, 罗鹰翔. 维生素C对机体运动作用的影响[J]. 湖北民族学院学报(医学版), 2007, 24

(3): 58-59.

[20] 金羽丰. 维生素C对体内生成亚硝胺的影响[J]. 天津药学, 1989 (2): 55-60.

[21] 王法义, 张文英, 冯菊, 等. 维生素C拮抗亚硝酸盐的实验研究[J]. 河南预防医学杂志, 1989 (1): 59-60.

[22] 胡荣华, 唐素贞, 韩其昉. 维生素C预防胃癌研究[J]. 肿瘤, 1985, 5 (6): 261-263.

[23] 郑淑英. 皮肤的化学及维生素C的保健作用[J]. 宁德师专学报(自然科学版), 2001, 13 (2): 117-119.

[24] HALLBERG L, HULTHÉN L. Prediction of dietary iron absorption: an algorithm for calculating absorption and bioavailability of dietary iron[J]. The American Journal of Clinical Nutrition, 2000, 71 (5): 1147-1160.

[25] 许玉蓉. 维生素C与人体健康[C]//中华预防医学会. 中华预防医学会第二届学术年会暨全球华人公共卫生协会第二届年会论文集. 廊坊: 2006: 481-482.

[26] MAO X, YAO G. Effect of vitamin C supplementations on iron deficiency anemia in Chinese children[J]. 生物医学与环境科学(英文版), 1992, 5 (2): 125.

[27] 张玉华, 王培英, 黄雪梅, 等. 口服维生素C治疗小儿铅吸收的探讨[J]. 河南医药信息, 1994 (8): 30-31.

[28] GERBED M S E. Hepatoprotective effect of vitamin C on capecitabine-induced liver injury in rats[J]. The Egyptian Society of Experimental Biology, 2015, 11 (1): 61-69.

[29] WU W, SU M, LI T M, et al. Cantharidin-induced liver injuries in mice and the protective effect of vitamin C supplementation[J]. International Immunopharmacology, 2015, 28 (1): 182-187.

[30] MOHSENIKIA M, HAJIPOUR B, SOMI M H, et al. Prophylactic effect of vitamin C on cyclosporine A-induced liver toxicity[J]. Thrita Student Journal of Medical Sciences, 2012, 1 (1): 24-26.

[31] 刘红仙. 维生素C辅助治疗早期病毒性感冒50

例临床疗效分析[J].医学信息，2007，20（5）：837-838.

[32] 陆家明.维生素C的药物相互作用与配伍禁忌[J].新药与临床，1997（2）：123-124.

[33] RAGHURAM T C, KRISHNAMURTHI D, KALAMEGHAM R. Effect of vitamin C on paracetamol hepatotoxicity[J]. Toxicology Letters, 1978, 2 (3): 175-178.

[34] ABRAHAM P. Vitamin C may be beneficial in the prevention of paracetamol-induced renal damage [J]. Clinical and Experimental Nephrology, 2005, 9 (1): 24-30.

[35] 孙清廉.免疫力低下的表现与易发人群[J].开卷有益：求医问药，2012（11）：18-19.

[36] 申亚楠.观察维生素C片研磨后局部涂抹治疗口腔溃疡的临床疗效[J].全科口腔医学电子杂志，2018，5（26）：78-81.

[37] 包小蔓，红梅.骨痛、关节痛需要补胶原蛋白[J].中老年保健，2013（3）：64-64.

[38] 常成, 曹菲薇, 郑炀凡, 等. 天然来源维生素C与人工合成维生素C[J]. 现代食品, 2017 (18): 41-43.

[39] 彭恕生. 饮食营养指南——预防医学问答[M]. 北京: 人民卫生出版社, 1990.

[40] UCHIDA E, KONDO Y, AMANO A, et al. Absorption and excretion of ascorbic acid alone and in Acerola (*Malpighia emarginata*) juice: comparison in healthy Japanese subjects[J]. Biological & Pharmaceutical Bulletin, 2011, 34 (11): 1744-1747.

[41] 陆叶, 柴巍中. 中国居民2000—2009年膳食维生素C摄入状况的系统分析研究[J]. 现代预防医学, 2010, 37 (16): 3030-3033.

[42] 何宇纳. 中国居民膳食维生素摄入状况[C]//达能营养中心. 维生素与健康: 达能营养中心第十九届学术年会会议论文集. 贵阳: 中国疾病预防控制中心达能营养中心, 2016:1.

[43] 贾小芳, 王志宏, 张兵, 等. 2015年中国15省(自

治区、直辖市）65岁及以上居民膳食维生素C摄入状况[J]. 卫生研究, 2019, 48（1）: 16-22.

[44] DELVAL L, SCHNEIDER R G. Acerola (*Malpighia emarginata* DC): production, postharvest handling, nutrition, and biological activity[J]. Food Reviews International, 2013, 29（2）: 107-126.

[45] BEKER B Y, SÖNMEZOĞLU L, IMER F, et al. Protection of ascorbic acid from copper (II)-catalyzed oxidative degradation in the presence of flavonoids: quercetin, catechin and morin[J]. International Journal of Food Sciences & Nutrition, 2011, 62（5）: 504-512.

[46] CLEMETSON C. Plant polyphenols as antioxidants for ascorbic acid[J]. Annals of the New York Academy of Sciences, 1966, 136（14）: 341-376.

[47] VISSERS M C, BOZONET S M, PEARSON J F, et al. Dietary ascorbate intake affects steady state tissue concentrations in vitamin C-deficient mice: tissue deficiency after suboptimal intake and superior

bioavailability from a food source (kiwifruit)[J]. American Journal of Clinical Nutrition, 2011, 93 (2): 292-301.

[48] HANAMURA T. Structural and functional characterization of polyphenols isolated from Acerola (*Malpighia emarginata* DC.) fruit[J]. Bioscience, Biotechnology, and Biochemistry, 2005, 69 (2): 280-286.

[49] HANAMURA T, MAYAMA C, AOKI H, et al. Antihyperglycemic effect of polyphenols from Acerola (*Malpighia emarginata* DC.) fruit[J]. Bioscience, Biotechnology, and Biochemistry, 2006, 70 (8): 1813-1820.

[50] HANAMURA T, UCHIDA E, AOKI H. Skin-lightening effect of a polyphenol extract from Acerola (*Malpighia emarginata* DC.) fruit on UV-induced pigmentation[J]. Bioscience, Biotechnology, and Biochemistry, 2008, 72 (12): 3211-3218.

[51] 向显衡, 何照凡, 牛爱珍. 刺梨叶果中维生素C含

量的变化[J].中国果树,1984(1):50.

[52] 何照范,熊绿芸,国兴民,等.刺梨果实的营养成分[J].营养学报,1988(3):262-266.

[53] 刘君丽.沙棘功能性食品的开发研究现状[J].食品安全导刊,2017(6):54-55.

[54] 王桂玲.沙棘中维生素C含量测定[J].甘肃中医学院学报,1995(3):52-53.

[55] 王川.中国柑橘生产与消费现状分析[J].农业展望,2006,2(1):8-12.

[56] 丁晓波,张华,刘世尧,等.柑橘果品营养学研究现状[J].园艺学报,2012,39(9):1687-1702.

[57] 高俊燕,朱春华,李进学,等.柠檬加工综合利用的研究进展[J].亚热带农业研究,2009,5(1):64-68.

[58] 刘义武,王碧.柠檬营养成分与综合利用研究进展[J].内江师范学院学报,2012,27(8):46-51.

[59] MEZADRI T, FERNANDEZ-PACHON MS, VILLAÑO D, et al. The acerola fruit: composition, productive characteristics and economic importance

[J]. Archivos Latinoamericanos De Nutricion, 2006, 56 (2): 101-109.

[60] ROBERTS L J. Acerola - Miracle of the Caribbean [J]. American Journal of Nursing, 1957, 57 (9): 1148-1149.

[61] LUIZ M N. Acerola—a cereja tropical [M]. Sao Paulo: Noblel, 1986.

[62] TEIXEIRA A H D C, AZEVEDO P V D. Potencial agroclimatico do Estado de Pernambuco para o cultivo da acerola [J]. Revista Brasileira de Agrometeorologia, 1994, 2: 105-113.

[63] CUSTÓDIO NOGUEIRA R J M, MORAES J A P V D, BURITY H A, et al. Physicochemical characteristics of Barbados cherry influenced by fruit maturation stage [J]. Pesquisa Agropecuaria Brasileira, 2002, 37 (4): 463-470.

[64] 杨月欣. 中国食物成分表标准版: 第一册 [M]. 6版. 北京: 北京大学医学出版社, 2018.